一個人的細細品味，全家人的共享時光

Le Creuset
鑄鐵鍋手作早午餐

鬆餅・麵包・鹹派・濃湯・
歐姆蛋・義大利麵
45 道美味鑄鐵鍋食譜

無可取代的幸福美味時光

悠閒的假日早晨，
在家來一場早午餐約會吧！
不同於餐廳的用餐環境，
享受自家獨有的溫暖氛圍。

對我而言，將珍藏的早午餐食譜，
變成餐桌上的美味料理，
就好像是一場驚奇的旅程，珍貴又美好。

輕鬆愉悅的早晨、美味的早午餐，
搭配上外型簡單明亮的 Le Creuset 鑄鐵琺瑯鍋系列，
端上桌，立即讓人感受到時尚簡約的風格，
更令人驚奇的是，它還擁有讓料理更美味的魔力，
怎麼能夠不被吸引呢？

本書以 Le Creuset 鑄鐵平底鍋為主要的示範鍋具，
收錄多款能充分展現鑄鐵鍋優點的早午餐食譜，
料理種類豐富、風格多變，
不管是喜歡甜蜜蜜的甜點控，還是喜好蔬食的健康主義者；
一個人細細品味的專屬料理，或是和家人好友共同分享的餐點，
都能在此書中挑選到喜愛的食譜。

「下次放假要做什麼樣的早午餐呢？」帶著如此愉悅的心情，
一邊欣賞這本書為大家精心準備的美味饗宴吧！

瓷器圓盤（19cm、27cm）
迷你瓷器醬料組 (含湯匙，3 入）
筷架（5 入）
楓木砧板
迷你橢圓盤（5 入）

contents

本書注意事項

＊材料、作法中出現的 1 小匙為 5ml，1 大匙為 15ml，1 杯為 200ml。

＊如果沒有特別說明，蔬菜類請先完成清洗、剝皮等作業，再依照食譜中的步驟製作。

＊食譜中的加熱時間是以 600W 的微波爐為標準。如果使用 500W 的微波爐，時間要延長約 1.2 倍。

＊在使用烤箱等家電時，請優先參考電器的操作說明書，對標準加熱時間、使用保鮮膜方式等細節進行評估。

＊由於 Le Creuset 的鑄鐵琺瑯鍋系列具備優秀的保溫能力，如果想要將鑄鐵鍋直接放於餐桌時，請務必使用隔熱墊。另外，請使用中火以下的火力烹調。

＊本書所介紹之產品訊息為 2014 年 12 月資訊。

Chapter3　鹹派・濃湯・飯料理

本書中「蔬菜高湯」的作法

在鍋裡注入 1L 清水，接著放入洋蔥皮 1～2 片、西洋芹的葉和莖適量、紅蘿蔔皮適量，浸泡 10 分鐘後，加入鹽 1/2 小匙並蓋上鍋蓋，開火加熱。煮沸後轉成小火繼續煮約 20 分鐘，再用濾網濾掉食材即完成。可放進密封容器 或製冰盒冷凍保存。

本書使用的 Le Creuset 產品

本書主要使用 Le Creuset 鑄鐵琺瑯鍋，鍋內燒結多層琺瑯，可用於所有 IH 調理爐及烤箱。外型設計感十足，烹調完成後整鍋端上餐桌，便能為桌面增添美感。接下來，我們將仔細地為大家解說各個產品的功能。

鑄鐵單柄圓形煎盤

平底鍋造型的鑄鐵琺瑯鍋具。由於導熱快、保溫性佳，因此能夠將食物表皮煎得香脆，但裡面仍能保持鬆軟。非常適合用於製作鬆餅、歐姆蛋等輕典早午餐，帶來蓬鬆可口的口感。平坦厚實的鍋底，還能為食物烙下美味的褐色烤痕。

特色 1
表面為耐用黑琺瑯

表面是呈現凹凸狀的多孔琺瑯塗層，不易沾黏食材，並能輕鬆地為肉品上色。鍋子就像是經過長期使用一般，油脂能夠均勻地分布於表面的孔隙。香料等食材色素不易沉積，不會出現明顯的汙漬。更值得一提的是，琺瑯塗層不容易因為溫度變化而剝落，非常耐用。

特色 2
熱傳導性卓越

雖然需要花一點時間熱鍋，不過由於鍋體的厚度相同，導熱效果比一般平底鍋更均勻。平坦厚實的鍋底不僅沒有受熱不均的問題，還能幫助食材釋放出鮮美及甘甜。

特色 3
保溫效果高

優於一般平底鍋的保溫能力，讓菜餚不易冷卻，保持溫熱的美味。另外，小火即能烹調，帶來經濟節能效果。

特色 4
時尚的設計

透過 Le Creuset 純熟的琺瑯加工技術，讓鑄鐵鍋有了繽紛豐富的色彩，烹調後無須重新擺盤，將其原封不動的移到餐桌，就能呈現豐富又美味的視覺效果。位於兩側的導水孔，盛盤時可發揮絕佳的妙用。

煎燒前，先將少許油脂均勻的塗抹於煎盤上，將有助於料理。這個時候，Le Creuset 的耐熱矽膠油刷，就能帶來實用的效果。

鑄鐵圓鍋 &
其他鑄鐵琺瑯鍋

導熱均勻，能將火力緩緩的傳導進食材，緊緊鎖住食材的營養。此外，厚重的鍋蓋能夠留住水蒸氣，保留食材原有的美味。鍋蓋握頭可以依照個人需求，選擇不鏽鋼或耐熱樹脂材質。

造型瓷盤

造型瓷器最大的魅力在於不易刮傷，且不容易沾附食物的氣味及顏色，並兼具耐熱及耐冷能力，可承受 −20 度到 260 度的溫度範圍。不僅能用在微波爐、烤箱、壓力鍋，也可以放進冷藏室和冷凍室，另外，還可用於洗碗機、烘乾機等等，十分方便。繽紛優雅的色彩，為廚房和餐桌妝點上時尚亮眼的氣息。

Chapter 1
鬆餅・麵包・蛋料理

鑄鐵單柄圓形煎盤（20cm）
瓷器圓盤（23cm）
烤盅（L）（2入）
迷你橢圓盤（5入）
經典棉麻隔熱墊
楓木沙拉匙組

美式鬆餅

一般的美式鬆餅會使用加了酪乳（Buttermilk）的麵糊製作，
這份私房食譜則不需要仰賴酪乳，就可以做出好吃的美式鬆餅。

材料（直徑約 10 cm，可做 8 ～ 10 片）

牛奶 …… 200ml
檸檬汁 …… 2 小匙
全蛋 …… 1 個
砂糖 …… 1 又 1/2 大匙
鹽 …… 1 小撮
融化奶油 …… 2 大匙
Ⓐ｜ 低筋麵粉 …… 150g
　｜ 泡打粉、小蘇打 …… 各 1 小匙
沙拉油 …… 少許
奶油、楓糖漿 …… 各適量

作法

1 將牛奶倒入玻璃碗，加入檸檬汁，放入冰箱冷藏約 20 分鐘，取出後輕輕攪拌。

2 把蛋打入另一個攪拌盆，用打蛋器打散，再加入砂糖和鹽攪拌均勻後，倒入步驟 1。
接著倒進融化奶油、已過篩的材料 Ⓐ，再用打蛋器混合均勻，放進冰箱冷藏 10 ～
20 分鐘。

3 在煎盤塗上一層薄薄的沙拉油，開中火燒熱後，將煎盤移到濕抹布上降溫，然後再度
開火加熱，接著放進一勺（約 50 ～ 60c.c.）麵糊，待表面出現氣泡之後，翻面煎烤
至金褐色。其他的麵糊也以相同的方式煎熟。

4 在煎好的鬆餅上放上奶油，淋上楓糖漿即可。

POINT

• 每煎完一塊鬆餅，就要把煎盤放到濕抹布上冷
卻，才能繼續煎下一塊。
• 鑄鐵鍋的保溫性佳，可以享用到熱騰騰的鬆餅。
• 因為在日本不容易買到酪乳，因此以加了檸檬汁
的牛奶替代。

ITEM

• 鑄鐵單柄圓形煎盤 20cm
• 經典餐墊

藍莓鬆餅

將大量藍莓加進麵糊，為味道簡樸的美式鬆餅注入新鮮口感。

材料（直徑約 10cm，可做 8 ～ 10 片）

美式鬆餅麵糊（同 p.11）…… 全部
藍莓（冷凍亦可）…… 70g
沙拉油 …… 少許
鮮奶油 …… 100ml
砂糖 …… 1 大匙
草莓、藍莓、糖粉（裝飾用）…… 各適量

作法

1 依照 p.11 的步驟 1、步驟 2 的作法製作麵糊，接著加入藍莓，用橡膠刮刀拌切均勻。

2 在煎盤塗上一層薄薄的沙拉油，開中火燒熱後，將煎盤移到濕抹布上降溫，然後再度開火加熱。接著放進一勺（約 50 ～ 60c.c.）麵糊，待表面出現氣泡後，翻面煎烤至金褐色。其他麵糊也以相同方式煎熟。

3 將煎好的鬆餅盛盤，把加砂糖打至七分發 * 的鮮奶油、草莓、藍莓擺放在鬆餅上，再撒上糖粉即可。

* 註：七分發是指用打蛋器舀起之後感覺有些沈重，能夠劃出線條的狀態。

POINT

• 使用煎盤製作，可讓鬆餅外酥內軟，呈現漂亮的金褐色。
• 每煎完一塊鬆餅，就要把煎盤放到濕抹布上冷卻，才能繼續煎下一塊。
• 鬆餅上的配料，可以依個人喜好，加入小塊香蕉、草莓等水果。

ITEM

• 鑄鐵單柄圓形煎盤 20cm
• 瓷器圓盤 23cm

荷蘭寶貝鬆餅

荷蘭寶貝鬆餅（Dutch baby），是來自美國的鬆餅，與「荷蘭」可是沒有任何關係呢！
有著像泡芙一樣酥脆鬆軟的外皮，與現擠的檸檬汁一起享用，更加美味。

材料（直徑 20cm，可做 1 個）

全蛋 ⋯⋯ 2 個
檸檬皮屑 ⋯⋯ 1/2 個
牛奶 ⋯⋯ 80ml
鹽 ⋯⋯ 1/3 匙
低筋麵粉 ⋯⋯ 55g
奶油 ⋯⋯ 20g
糖粉、檸檬汁 ⋯⋯ 各適量

作法

1 將雞蛋用打蛋器打散後，加入鹽、檸檬皮屑、牛奶混合，再加入已過篩的低筋麵粉攪拌均勻。

2 將奶油放進煎盤，開中火加熱，等奶油融化後，倒入步驟 1。

3 以預熱至 200 度的烤箱烘烤 10 ～ 15 分鐘。烤好之後撒上大量的糖粉，淋上檸檬汁即可享用。

POINT

• 這道點心因為使用荷蘭鍋製作，而有其名。
• 製作時選用琺瑯鑄鐵材質的煎盤，可以在爐火加熱之後，直接移到烤箱烘烤，非常方便。
• 剛出爐時的體積可能會膨脹到讓人有些吃驚，但是放置一會兒後就會恢復到正常的樣子，請讀者無須擔心。

ITEM

• 鑄鐵單柄圓形煎盤 20cm

英式烤圓餅

這是我在英格蘭和蘇格蘭品嚐到的鬆餅。
口感鬆軟，不會太甜，很適合搭配培根、香腸等鹹點一起食用。

||||||||||||||||||||||||||||||||||||||||||||||||||||||||||||||||||||||||||||||||||||||||||||||||||||||||||

材料（直徑 10cm，可做 6 片）

A | 高筋麵粉 …… 120g
低筋麵粉 …… 70g
砂糖 …… 2 大匙
鹽 …… 1 小撮

乾酵母 …… 5g
牛奶 …… 300ml
* 融化奶油 …… 20g
培根、香腸、綠色蔬菜、喜愛的調味醬汁、粗粒黑胡椒 …… 各適量

* 將奶油放入耐熱容器，蓋上保鮮膜，以微波爐加熱 10 ～ 15 秒，即可製作出融化奶油。

作法

1 將材料 **A** 倒入攪拌盆，以打蛋器混合均勻，再依照順序慢慢的加入乾酵母、牛奶和融化奶油拌勻。覆蓋上保鮮膜（不須包覆過緊），放到溫暖的地方發酵約 30 分鐘。

2 在煎盤和 10cm 圓形模的內側塗上一層薄薄的奶油（材料分量外）。接著把圓形模放上煎盤，以稍小的中火加熱，再倒進麵糊。待麵糊膨脹並且顯色之後，拿掉圓形模翻面，幫另一面上色。重複相同動作完成其他烤圓餅。

3 將煎烤好的圓餅盛盤，再放上煎好的培根和香腸，撒上胡椒。並在旁邊擺放加了調味醬汁的蔬菜沙拉即完成。

||||||||||||||||||||||||||||||||||||||||||||||||||||||||||||||||||||||||||||||||||||||||||||||||||||||||||

POINT

• 煎盤能夠將熱度均勻傳導，讓麵糊順利膨脹。
• 這裡使用的是中空的圓形烤模，也可以將牛奶紙盒剪成圓形，或是用鋁箔紙摺成圓圈模代替。

ITEM

• 鑄鐵單柄圓形煎盤 20cm
• 橢圓餐盤

蛋烤長棍麵包

同時享受爽脆和鬆軟兩種口感的法式吐司。
長棍麵包吸滿柳橙醬汁，成就極致美味。

材料（3～4 人份）

長棍麵包 …… 1/2 條　　　　　牛奶 …… 100ml
全蛋 …… 2 顆　　　　　　　　鮮奶油 …… 100ml
砂糖 …… 40g　　　　　　　　糖粉、無糖優格、柳橙丁、柳橙醬汁 …… 各適量

作法

1　將蛋和糖放進攪拌盆，用打蛋器攪拌均勻，再加入牛奶和鮮奶油攪拌均勻。接著把切成約 2 公分大小的長棍麵包放進盆中，浸泡大約 30 分鐘，浸泡期間要不時上下翻面。

2　在煎盤塗抹一層薄薄的奶油（材料分量外），將步驟 1 的材料堆得像座小山，放進預熱至 170 度的烤箱，烘烤 20 分鐘。

3　烤好後，撒上糖粉和切好的柳橙丁，淋上優格和柳橙醬汁即可。

柳橙醬汁

用酸甜適中的柳橙汁，調製滋味絕妙的水果淋醬。
不只可搭配法式吐司，和鬆餅、優格一起享用，也極為美味。

材料（方便製作的分量）

柳橙汁 …… 1 顆　　　　　　　Ⓐ｜玉米粉、水 …… 各 2 小匙
細白糖 …… 80g　　　　　　　香橙干邑甜酒（Grand marnier）…… 少許
檸檬汁 …… 少許　　　　　　　柳橙皮 …… 1/2 個
奶油 …… 80g

作法

1　將柳橙汁、細白糖下鍋加熱，待細白糖融化後加入檸檬汁、切小塊的奶油。

2　再加入混合好的材料 Ⓐ，使醬汁變濃稠，接著加進甜酒和柳橙皮絲後完成。

POINT

- 使用保溫性絕佳的煎盤，可以保持剛出爐時的蓬鬆度，烤好的成品可直接上桌。
- 可以利用已經變硬的長棍麵包製作，並用自己喜歡的醬汁和水果搭配點綴。
- 淋上帶有甜度的醬汁時，建議搭配無糖優格，中和味道。

ITEM

- 鑄鐵單柄圓形煎盤 20cm

法式厚片吐司

用一般市售的吐司，就能做出蓬鬆又柔軟的法式吐司。
用優雅的姿態，做出如同高級飯店的極品餐點。

材料（2 人份）

小吐司 …… 4cm 厚片 2 片
全蛋 …… 2 個
牛奶 …… 300ml
砂糖 …… 40g
香草精 …… 少許
奶油 …… 20g
糖粉、楓糖漿 …… 各適量

作法

1 把蛋放進攪拌盆，以打蛋器打散，加入砂糖混合。接著加入牛奶、香草精混合均勻。

2 將切邊吐司排列在調理盤，倒入步驟 1。放入冰箱冷藏，期間需翻面一次。如果時間允許，可以放在冰箱一晚，讓吐司充分吸收蛋液。

3 將奶油放進煎盤，開中火，將步驟 2 的材料下鍋煎烤，待吐司變成金褐色後翻面，大約 2 分鐘，整個吐司呈現蓬鬆狀即可。

4 盛盤撒上糖粉，淋上楓糖漿即完成。

POINT

· 煎盤可以讓火力慢慢的傳導進厚片吐司，煎烤出蓬鬆的成品。
· 因為吐司浸泡蛋液後體積會膨脹，所以建議使用尺寸較小的吐司。

ITEM

· 鑄鐵單柄圓形煎盤 20cm
· 瓷器圓盤 19cm

英式麵包布丁

吸飽了牛奶和蛋液的奶油吐司，經過蒸烤後，不僅味道變得更香濃，看起來極為豐富美味。恰到好處的甜度與飽足感十足的分量，最適合在假日起床時品嚐。

材料（3～4人份）

吐司（8片切）…… 3片
全蛋 …… 2個
蛋黃 …… 1個
牛奶 …… 300ml
鮮奶油 …… 30ml
砂糖 …… 70g
葡萄乾 …… 1大匙
加州梅（Prune）…… 2～3顆
堅果類（杏仁、胡桃、開心果、榛果等）、糖粉 …… 各適量

作法

1 把加州梅切成2～3等份。堅果類放進小烤箱烘烤5～6分鐘後取出，切成粗碎末。

2 將切邊吐司切成兩半，塗抹奶油（材料分量外）後放進小烤箱烤至金褐色。

3 把蛋、蛋黃倒入攪拌盆以打蛋器打散，加入砂糖混合，再加入牛奶、鮮奶油攪拌均勻。

4 在煎盤塗抹一層薄薄的奶油（材料分量外）後，將步驟2吐司排列在煎盤上，倒入步驟3的蛋液。撒上葡萄乾和加州梅，蓋上鍋蓋，以微火蒸烤10分鐘。完成後撒上堅果和糖粉即可。

POINT

- 煎盤可以用微火調理，具有節能效果。
- 只要使用同尺寸的鑄鐵圓鍋（20cm）鍋蓋，就能夠幫助蒸烤。
- 麵包布丁即使冷卻後享用，也十分美味。

ITEM

- 鑄鐵單柄圓形煎盤 20cm
- 迷你橢圓盤（5入）
- 楓木隔熱墊
- 迷你圓形杯（5入）

基本麵團の作法

想不想在悠閒和空閒的日子裡，享受做麵包的樂趣呢？
接下來要向各位介紹簡單容易應用的麵團作法。

材料（方便製作的分量）

Ⓐ 高筋麵粉 …… 250g　　乾酵母 …… 5g　　橄欖油 …… 1 大匙
　　低筋麵粉 …… 50g　　砂糖 …… 少許　　溫水 …… 170 ～ 180ml
　　砂糖 …… 12g　　　　溫水 …… 2 大匙
　　鹽 …… 1 小匙（5g）

作法

1　將乾酵母和砂糖放入小碗，加入 2 大匙溫水仔細攪拌。靜置大約 15 分鐘，讓酵母膨脹至如照片 1 般的狀態。

2　把材料 Ⓐ 倒進攪拌盆，以打蛋器仔細攪拌均勻，接著在中心處做出凹槽。

3　將步驟 1 的酵母及橄欖油倒入凹槽，接著一邊加入少量溫水，一邊用橡膠刮刀混合。

4　一邊將殘留在四周的麵粉拌和進麵團，一邊慢慢加進剩下的溫水，用橡皮刮刀將麵團攪拌均勻。

5　以手掌反覆揉和麵粉，直到成為一塊麵團。

6　將麵團放到揉麵板搓揉，並拍打出空氣。如果麵團變得比較不容易附著在手上，就把麵團向外延展再滾圓。重複相同的動作揉捏 5 ～ 10 分鐘，直到麵團表面變得光滑。

7　將麵團整圓再放回盆裡，蓋上保鮮膜或濕布，放在溫暖處約 1 小時左右。

8　待麵團發酵至兩倍大。

※ 這個麵團可以用來做 p.26 ～ 31，三種口味的麵包。

手撕餐包

手撕餐包造型可愛，就像是手牽手、肩併肩一樣緊緊相連。
假日歡聚的家人朋友，可以愉悅地享受手撕餐包帶來的樂趣與美味。

材料（可做 10 個）

基本麵團（p.24 ～ 25）…… 全部
高筋麵粉 …… 適量

作法

1 依照 p.24「基本麵團的作法」，製作到步驟 5，接著整麵團，把已經膨脹成大麵團中的二氧化碳拍打出來，再用刮板或切麵刀將麵團分成 10 等分，並滾成小圓。

2 將小麵團一個個排列在內側已塗好奶油（材料分量外）的煎盤，並用噴霧器在麵團表面噴水，蓋上濕布靜置大約 20 分鐘。

3 表面撒上少許高筋麵粉，以預熱至 200 度的烤箱烘烤 20 分鐘。

POINT

- 將煎盤當作烤模，直接放入烤箱烘烤，相當便利。
- 因為是一個個接連在一塊兒，會比單獨烘烤的麵包蓬鬆柔軟。
- 食用之前可以先把熱騰騰的麵包分開，放在網架稍稍冷卻後再吃。

ITEM

- 鑄鐵單柄圓形煎盤 20cm

英式馬芬麵包

只要使用平底鍋，就能輕鬆烘烤的簡易配方。
吃起來 Q 彈柔軟，表面帶有顆粒的玉米仁，讓口感更豐富。

||||||||||||||||||||||||||||||||||||||||||||||||||||||||||||||||||||||||||||||||||||||||||||||||||||||||||||||||||||||||||||||||

材料（可做 8 個）

基本麵團（p.24 ～ 25）…… 全部
玉米仁 …… 適量

作法

1　依照 p.24「基本麵團的作法」，製作到步驟 5，接著整麵團，把已經膨脹成大麵團中的二氧化碳拍打出來，再用刮板或切麵刀將麵團分成 8 等分（60g），並滾成小圓。

2　用刷子在麵團表面刷上一層水，幫助麵團沾滿玉米仁，蓋上濕布放置 10 ～ 15 分鐘。

3　將麵團放上平底鍋，以小火烘烤，經過 5 ～ 6 分鐘後翻面，再烘烤 5 ～ 6 分鐘。

||||||||||||||||||||||||||||||||||||||||||||||||||||||||||||||||||||||||||||||||||||||||||||||||||||||||||||||||||||||||||||||||

POINT

- 平底鍋可以將麵團兩面都烘烤出迷人的香氣。
- 建議將麵包對切成半後，烤到焦香，再塗抹上奶油享用，或是也可以夾入蛋或火腿，加倍美味！

ITEM

- TNS 玩美不沾單柄寬底煎鍋 26cm

羅勒起司香炸麵包

只有在家親手揉製，才吃得到擁有清爽羅勒香氣、融化起司的現炸酥脆麵包。

材料（可做 12 個）

基本麵團（p.24 ～ 25）⋯⋯ 全部
馬扎瑞拉起司（Mozzarella cheese）⋯⋯ 160g
羅勒葉 ⋯⋯ 12 片
炸油 ⋯⋯ 適量

作法

1 依照 p.24「基本麵團的作法」，製作到步驟 5，接著整麵團，把已經膨脹成大麵團中的二氧化碳拍打出來，再用刮板或切麵刀將麵團分成 12 等分（40g），並滾成小圓，放到揉麵板上，用擀麵棍擀成直徑 10cm 左右大小。

2 將擀好的麵皮放在手心，放入兩塊切成 2 ～ 3cm 方塊狀的馬扎瑞拉起司和一片羅勒葉，再包覆收口，收緊之後翻面整形好放在台面備用。用一樣的方法完成其他麵團，並排列整齊，蓋上濕布靜置 5 ～ 10 分鐘。

3 將炸油放進鍋內，開中火加熱，以 170 度熱油油炸並不時翻面，直到表面變成金褐色。

POINT

- Le Creuset 厚琺瑯鑄鐵鍋保溫性佳，能在油炸時保持穩定的溫度。
- 在擀麵時，如果麵團容易沾黏在揉麵板上，可以撒一點手粉改善。
- 享用時，撒一點鹽能讓味道更濃郁，形成另一種風味。

ITEM

- 鑄鐵圓鍋 22cm
- 迷你圓形杯（5 入）

西班牙半熟蛋餅

大量的馬鈴薯、洋蔥，經過橄欖油細細燜煮後，與蛋液完美融合。
使用鑄鐵鍋製作的西班牙半熟蛋餅，充滿了橄欖油的香氣。

材料（4～5 人份）

雞蛋 …… 7 個
馬鈴薯 …… 4 個
洋蔥 …… 大的 1/2 個
鹽 …… 1 小匙
橄欖油 …… 110ml
粗粒黑胡椒 …… 適量

作法

1 將切成薄片的馬鈴薯、洋蔥下鍋，加入 1/2 小匙的鹽，接著倒入大約 50ml 的橄欖油，
  開中火加熱。待煮開後，轉成微火並蓋上鍋蓋燜燒 10 分鐘左右。煮熟後用濾網將油
  濾乾備用。

2 將雞蛋放入攪拌盆中打散，加入 1/2 小匙的鹽拌勻，接著將步驟 1 的材料加入混合。

3 將剩餘橄欖油全部倒進步驟 1 的鑄鐵鍋裡加熱，再倒入步驟 2 的材料迅速攪拌。變成
  炒蛋的狀態時，蓋上鍋蓋煮 5～6 分鐘，撒上胡椒即可。

POINT

- 琺瑯鑄鐵鍋可以緩慢、均勻的傳導熱力，讓蛋液
  成為 QQ 的半熟蛋。
- 只要加進大量橄欖油，即使是容量較小的燉飯鐵
  鍋，也能夠輕鬆煮熟大量的馬鈴薯和洋蔥。

ITEM

- 燉飯鐵鍋 18cm

蟹肉舒芙蕾烘蛋

在家自己做出法國歐姆蛋專賣店 Mont Saint Michel 的人氣商品。
大方的加入大量蟹肉，淋上新鮮番茄醬，增添豐盛美味。

材料（4 人份）

雞蛋 …… 2 個
青蔥 …… 1/3 根
蟹肉（可以使用罐頭或是水煮蟹肉）…… 60g
牛奶、鮮奶油 …… 各 2 大匙
鹽、胡椒 …… 各少許
麵粉 …… 1 小匙
白酒 …… 1 大匙
奶油 …… 40g

＜番茄醬＞
番茄 …… 1 個
洋蔥 …… 1/8 個
檸檬汁 …… 1/2 小匙
鹽 …… 1/3 小匙
橄欖油 …… 2 大匙
蒔蘿 …… 適量

作法

1 將 20g 奶油放入煎盤以中火加熱，待奶油融化後，放入切段青蔥翻炒至軟化，再放入碎蟹肉繼續翻炒，接著加入少許鹽及胡椒繼續炒至均勻入味。

2 加入麵粉，持續翻炒至粉狀物消失，此時倒入白酒煮至酒精揮發，再加入牛奶、鮮奶油熬煮到醬汁濃稠滑順。加入鹽調味後，將食材從煎盤移至攪拌盆冷卻。

3 將蛋白和蛋黃分離。將蛋黃加入步驟 2 攪拌均勻。蛋白放入另一攪拌盆，並加入一小搓的鹽（材料分量外），用打蛋器將蛋白打發至硬性發泡（拉起蛋白不滴落）。完成後，取 1/3 蛋白霜加入步驟 2，並以橡膠刮刀仔細拌切，再將剩餘的蛋白霜加入，並重複一樣的動作，直到液體呈現出綿滑均勻的感覺。

4 將步驟 2 的煎盤稍微沖洗，並拭乾水分。加入 20g 奶油並以中火加熱至融化，倒入步驟 3 材料並以小火慢煎，待上色後對折。

5 將切成塊狀的番茄和洋蔥放入攪拌盆，加入檸檬汁、鹽、橄欖油後攪拌均勻，再混合蒔蘿，倒入步驟 4 後即完成。

POINT

• 如果平底鍋的直徑太大，煎出來的烘蛋就會太薄而影響口感。考慮到材料用量，最適合的尺寸是示範用的 20cm 煎盤。
• 煎盤內的霧面黑琺瑯可以防止蛋液沾鍋，呈現漂亮的金褐色。
• 煎鍋的保水性很好，推薦大家直接端上桌，趁熱品嚐。

ITEM

• 鑄鐵單柄圓形煎盤 20cm
• 瓷器圓盤 19cm
• 楓木木匙（L）
• 鑄鐵鍋架

雙重起司舒芙蕾

鬆軟的外表下，包覆了雙重起司的香氣與滋味。
剛出爐的熱騰騰香氣撲鼻而來，讓人忍不住想一嚐它的美味！

材料（烤盅 2 個的分量）

雞蛋 …… 3 顆
低筋麵粉 …… 2 大匙
Ⓐ 牛奶 …… 100ml
　 鮮奶油 …… 50ml
　 白酒 …… 1 大匙
　 鹽 …… 1/3 小匙
格律耶爾起司（Gruyère cheese）…… 40g
帕瑪森起司（Parmesan cheese）…… 10g

作法

1 將蛋黃和蛋白分開。蛋黃倒入攪拌盆，用打蛋器打發至淺黃色 *。加入已過篩的低筋麵粉，攪拌至粉狀物消失，再加入材料 Ⓐ 混合均勻。

2 將步驟 1 材料倒入鑄鐵鍋，開火加溫，直到出現黏稠感後迅速倒回攪拌盆，加入磨好的兩種起司絲攪拌。

3 將蛋白倒入另一個攪拌盆，以打蛋器打到稍微發泡後加入 1 小撮鹽（材料分量外），接著繼續打發至硬挺的硬性發泡（拉起蛋白不滴落）。

4 將步驟 3 中 1/3 的蛋白霜加入步驟 2，用打蛋器仔細攪拌後，再將剩餘的蛋白霜全部加入攪拌盆，用橡皮刮刀拌切均勻。

5 在烤盅的內側塗抹奶油（材料分量外），並均勻撒上一層薄薄的麵粉。將麵糊倒進烤盅，並把沾附在四周的麵糊擦乾淨，放進預熱至 180 度的烤箱烘烤約 15 分鐘。

* 譯注：淺黃色是指蛋黃經過打發過程，一定程度的空氣進入蛋黃後所呈現的顏色。

POINT

- 烤盅是能夠放進烤箱烘烤的耐熱陶器。要烘烤出像舒芙蕾這一類細緻的麵糊，最重要的就是要選用比較厚的容器，讓火力慢慢傳導。
- 起司可視個人喜好搭配選用，也可以使用披薩用的起司，但如果想用乳酪絲起司，記得要切得更細碎再使用。
- 此為無糖版的舒芙蕾食譜。

ITEM

- 烤盅（L）（2 入）
- 經典棉麻隔熱墊

MY BRUNCH 1   By 山崎佳 Kei Yamazaki

選用自己喜歡的食材，和緩優雅的進行烹煮，
料理出一盤營養美味，排列成誘人的擺盤，
從一個盤子，延伸出充滿個人風格的早午餐。

綜合沙拉
(雞蛋、馬鈴薯、南瓜、紫洋蔥、蘆筍)

蘋果

鮮菇濃湯

番茄洋蔥鹹塔

不需要烤模的速成鹹塔，趁剛出爐、熱騰騰時享用，最為美味。

PROFILE　山崎佳。 PAUMES 的設計師。同時也在 EMPAPURA PLUS 及資訊網站擔任資訊管理工作。著有「TODAY´S BREAKFAST」（主婦之友社）、「I MAKE BREAKFAST」（PAUMES）等書。

番茄洋蔥鹹塔

材料

洋蔥 …… 1/2 顆
低筋麵粉 …… 50g
全麥麵粉 …… 20g
鹽 …… 2 小撮
橄欖油 …… 20ml
雞蛋 …… 1 顆
黃芥末醬、迷迭香、番茄 …… 適量

作法

1　將 1/2 顆洋蔥切成薄片，炒香撒鹽（材料分量外）後放冷備用。

2　將過篩後的低筋麵粉、全麥麵粉、鹽放入攪拌盆拌勻。

3　混合橄欖油 20ml、散蛋 1/2 個，再倒入步驟 2 的麵粉中攪拌均勻，整形成一個麵團。

4　蓋上保鮮膜，放入冰箱靜置。

5　將麵團分成兩個，用擀麵棍擀成 2 張直徑約 15cm 的圓形麵皮。

6　在中間塗抹黃芥末醬，放上步驟 1 炒好的洋蔥和切成薄片的番茄，將麵皮向內摺，包裹住食材。

7　在表面塗上蛋液，擺上迷迭香，放進預熱至 180 度的烤箱，烘烤約 20 分鐘。

ITEM

• 瓷器圓盤 23cm

優格佐焦糖蘋果

綜合沙拉
（綠花椰菜、白花椰菜、蓮藕、小洋蔥）

蘋果番薯
濃湯

小松菜培根
雞蛋麵包

主角是味道較濃郁的「小松菜培根雞蛋麵包」，搭配上較清爽的綜合沙拉，
與溫潤香甜的蘋果番薯濃湯，中和味蕾的同時更溫暖了心。

小松菜培根雞蛋麵包

材料

水煮蛋 …… 1 顆
小松菜、培根 …… 適量
麵包 …… 2 片
沙拉油 …… 少許
鹽、粗粒黑胡椒 …… 適量

作法

1 水煮蛋剝殼，切片。

2 小松菜切段（約4cm長），培根切絲（約5mm寬）。

3 在平底鍋熱油，拌炒小松菜和培根。

4 將小松菜、培根、雞蛋放到烤好的麵包上，依個人喜好撒上鹽巴及胡椒調味。

ITEM

• 瓷器圓盤 23cm

醃漬小番茄

綜合沙拉
（水煮蛋、紫洋蔥、綜
合生菜）

巧克力鬆餅

焗白
花椰菜

將最後烘烤的大片鬆餅留在煎盤內，當老公想品嚐美味時，就可以吃到溫熱
依舊的鬆餅囉。品嚐的時候別忘了加入親手製作的大黃果醬。

巧克力鬆餅

材料

鬆餅粉 …… 100g
純可可粉 …… 1 大匙
沙拉油 …… 少許

作法

1 在鬆餅粉裡加入 1 大匙純可可粉，製作成鬆餅麵糊。

2 以中火燒熱煎盤，再放到濕布上冷卻，塗抹一層薄油。

3 放到爐火上，倒入麵糊將雙面煎熟。每完成一塊鬆餅就要用濕布冷卻煎盤，再繼續煎烤下一片。

4 搭配莓果或大黃（rhubarbjam）等酸酸的果醬和巧克力醬。

ITEM

• 鑄鐵單柄圓形煎盤 20cm
• 瓷器圓盤 23cm

蘋果
嫩菠菜沙拉

玉米濃湯

蒔蘿馬鈴薯

起司漢堡

在家裡可以不用在乎形象的大口吃漢堡，就盡情地加入自己想吃的食材吧！

起司漢堡

材料

漢堡麵包 …… 1 個
漢堡肉 …… 1 片
起司 …… 1 片
沙拉油 …… 少許
洋蔥、番茄、酪梨 …… 適量
美奶滋、黃芥末醬 …… 適量

作法

1 將自己喜歡的配方製作成漢堡肉餡，並整成薄片，以煎盤煎烤兩面。可在煎盤旁邊同時煎洋蔥圓片。

2 漢堡肉煎好之後放上起司，蓋上鍋蓋待起司融化後再關火。

3 用烤麵包機稍微烤一下麵包的切口。

4 在麵包上塗抹美乃滋和黃芥末醬。

5 在麵包上層層放上漢堡肉、洋蔥、番茄、酪梨等自己喜歡的食材。

ITEM

- 鑄鐵單柄圓形煎盤 20cm
- 瓷器圓盤 23cm
- 瓷器圓盤 19cm

瓷器圓盤 19cm

附托盤瓷碗

鑄鐵圓鍋 20cm
經典棉麻隔熱墊
瓷器儲物罐（M）
迷你瓷器醬料組 3 入（含湯匙）
烤盅（L）2 入
迷你圓形杯 5 入
楓木木匙（L）

Chapter 2
沙拉 · 肉料理 · 義大利麵

個人風味熱狗堡

利用家中現有配料自由混搭，加上精心調配的醬料，讓平凡的熱狗堡也能成為餐桌上的焦點。

材料（4 人份）

熱狗麵包 …… 4 個
自製香腸（p.49）…… 4 根
德國酸菜（p.48）、墨西哥辣豆醬（p.48）、酸黃瓜等各式醃漬菜 …… 各適量
日本黃芥末醬、奶油 …… 各適量

作法

1 將黃芥末醬和奶油混合，製成奶油芥末醬。

2 切開熱狗麵包，在內側塗抹上奶油芥末醬。放進香腸，並依照自己的喜好放入德國酸菜、醃黃瓜、墨西哥辣豆醬等配料即可。

┌─ ITEM ─────────┐

· 瓷器公碗（S）
· 迷你圓形杯（5 入）

└────────────────┘

墨西哥辣豆醬

又香又辣的美國特色配菜,是辣熱狗不可缺少的醬料。

材料（方便製作的分量）

牛絞肉 …… 300g　　水煮腰豆 …… 460g

洋蔥 …… 1 個　　青椒 …… 小的 2 個　　大蒜 …… 1 瓣

Ⓐ｜墨西哥辣椒粉、紅辣椒粉、孜然粉 …… 各 2/3 小匙
　｜粗粒黑胡椒 …… 少許

Ⓑ｜番茄泥 …… 150ml　　水 …… 100ml
　｜鹽 …… 1 又 1/2 小匙　　沙拉油 …… 1 大匙

作法

1　洋蔥、青椒、大蒜切成末。

2　沙拉油下鍋以中火加熱,加入步驟 1 材料翻炒,軟化後
　再加入絞肉一起拌炒。等肉變得鬆散後倒進調味料 Ⓐ 翻
　炒,散發香氣後加入調味料 Ⓑ 及瀝乾的腰豆熬煮約 15
　分鐘,起鍋前加入鹽調整味道即可。

※ 冷藏約可保存 2 ～ 3 天。

ITEM

- 鑄鐵圓鍋 20cm

德國酸菜

加入白葡萄酒,就能輕鬆做出充滿德式風味的醃漬菜,與熱狗的味道非常契合。

材料（方便製作的分量）

高麗菜 …… 1 顆　　　　　　Ⓐ｜芥末籽 …… 1 大匙
白葡萄酒醋 …… 2 ～ 3 大匙　　｜茴香籽 …… 2 小匙
橄欖油 …… 2 大匙　　　　　　｜鹽 …… 1 小匙

作法

1　高麗菜切成細絲。

2　橄欖油下鍋以中火加熱,將步驟 1 的高麗菜絲加入拌炒,
　待稍微變軟後加入水 3 大匙,蓋上鍋蓋以小火燜煮約 10
　分鐘。

3　加入調味料 Ⓐ ,不蓋鍋蓋以小火煮大約 15 分鐘。倒進
　白葡萄酒醋繼續煮約 5 分鐘即可。

※ 冷藏約可保存 4 ～ 5 天。

ITEM

- 鑄鐵圓鍋 18cm
- 隔熱墊

自製香腸

不需煙燻、不需灌製，就能做出香味濃郁的道地滋味。
煎香腸的同時煎一個太陽蛋，就是一份完整的早午餐料理。

材料（可做 5～6 根）

豬絞肉 …… 400g　　　肉豆蔻 …… 少許　　　藥用鼠尾草末 …… 2 小匙
*豬背油 …… 適量　　　鹽 …… 1 小匙　　　多香果粉（Allspice）…… 1/2 小匙
大蒜末 …… 1/2 瓣　　　粗粒黑胡椒 …… 少許

* 白色脂肪塊，可向肉鋪購買。

作法

1 將全部食材放進攪拌盆中充分混合均勻，蓋上保鮮膜冷藏約 1 小時。

2 將步驟 1 的絞肉分成 5～6 等分，捏塑成香腸的形狀，再用保鮮膜緊緊包覆住，完成
　之後再包上一層鋁箔紙。

3 將水煮開後放入步驟 2 的香腸，水溫保持在 70 度左右（鍋底開始冒小泡泡的程度）
　煮 15～20 分鐘。煮好之後不用撈出，直接靜置冷卻。

4 倒入少許橄欖油（材料分量外）以中火加熱，剝除保鮮膜和鋁箔紙，將香腸放入油鍋
　中煎烤。

POINT

❶ 用鑄鐵圓鍋煮香腸，可以讓溫度保持在一致的
　狀態。煮好的香腸可以放於冷凍保存約兩週。
❷ 也可以使用乾燥的鼠尾草香料，但一定要添加，
　才能帶入香氣。

ITEM

• 鑄鐵單柄圓形煎盤 20cm
• 鑄鐵圓鍋 20cm

炙烤綠蘆筍沙拉

經過炙烤的綠蘆筍，香味被濃縮，更能突顯出甘甜及獨特的風味。
拌上親手製作的法式沙拉醬，增添一抹清爽。

材料（3～4 人份）

綠蘆筍 …… 7～8 根
鹽、胡椒 …… 少許
橄欖油 …… 1 大匙

＜法式沙拉醬＞
橄欖油 …… 2 大匙
紅葡萄酒醋 …… 2 小匙
法式芥末醬 …… 1 小匙
鹽 …… 2/3 小匙
粗粒黑胡椒 …… 少許

作法

1 在平底鍋中倒入少許橄欖油，以中火加熱後，再將綠蘆筍下鍋。一邊將剩餘橄欖油一小匙、一小匙均勻的淋在綠蘆筍上，一邊翻面。待表面都出現烤痕後，撒上一點點鹽和胡椒，盛盤備用。

2 接著製作沙拉醬。將紅葡萄酒醋、法式芥末醬、鹽、胡椒、橄欖油倒入攪拌盆中混合均勻，完成後澆淋在綠蘆筍上即可。

POINT

- 表面留下漂亮的烤痕，會讓成品感覺更美味。蘆筍被具有緩慢導熱能力的烤盤煎烤後，不止熟透並且多汁。

ITEM

- 鑄鐵雙耳圓烤盤
- 瓷器圓盤 27cm

白腎豆熱沙拉

經過蒸煮的白腎豆和培根，充分吸收了食材的鮮美。剛出爐時的香味另人無法抵擋，即使冷卻後也十分入味可口。

材料（4 人份）

白腎豆（乾燥）…… 200g
水 …… 800ml
培根 …… 100g
洋蔥 …… 1/2 個
西洋芹 …… 1/4 根
芹菜葉末 …… 3 大匙
鹽 …… 1 小匙
橄欖油 …… 4 大匙
紅葡萄酒醋 …… 2 大匙
蔬菜高湯（p.5）…… 50ml

作法

1 將白腎豆泡水一晚。連同浸泡的水一起下鍋，加少許鹽（材料分量外）後開火加熱，煮沸後轉成較小的中火繼續煮 40 分鐘左右，再用濾網將水瀝乾。

2 培根切 1cm 寬，西洋芹、洋蔥切成末。

3 培根下鍋以中火煎炒，出現油脂後倒入蔬菜高湯。加入步驟 1 的白腎豆，蓋上鍋蓋燜煮 5 ～ 6 分鐘。

4 加入紅葡萄酒醋、鹽、橄欖油，大略攪拌一下後再加入洋蔥、西洋芹、芹菜葉末混合拌勻即可。

POINT

• 琺瑯鑄鐵鍋的特點之一就是能夠慢慢的傳遞熱能，煮出飽滿多汁的豆子。

ITEM

• 鑄鐵圓鍋 20cm
• 楓木木匙（L）
• 瓷器圓盤 19cm
• 楓木隔熱墊

摩洛哥沙拉

混合古斯古斯和大量的洋香菜、蔬菜，是一道經典的摩洛哥沙拉。酸酸的檸檬中帶有薄荷、孜然的香氣，瀰漫著一股異國情調。

||||||||||||||||||||||||||||||||||||||||||||||||||||||||||||||||||||||||||||||||||||||||||||||||||||||||||

材料（4 人份）

* 古斯古斯（couscous）…… 1 杯　　　　薄荷葉、洋香菜葉 …… 各適量
番茄汁 …… 200ml　　　　　　　　　　鹽 …… 1 小匙
紫洋蔥 …… 1/2 個　　　　　　　　　　胡椒 …… 少許
小黃瓜 …… 1 根　　　　　　　　　　　檸檬汁 …… 1/2 個
日本茄子 …… 2 個　　　　　　　　　　橄欖油 …… 4 大匙
洋菇 …… 4 個　　　　　　　　　　　　孜然粉 …… 1 小匙
番茄 …… 1 個

* 譯注：傳統的古斯古斯會經過外型類似雙層蒸籠的器具蒸煮後再烹調，不過目前市售的產品多半經過預煮再乾燥的程序，所以使用時只要用滾水短時間燜過即可食用。也可以用冷開水浸泡，但會花費較長的時間。

作法

1　將古斯古斯倒進攪拌盆裡，再加入番茄汁，大略混合後靜置 30 分鐘左右。

2　紫洋蔥、小黃瓜切丁（5mm）。茄子、洋菇、番茄也切成丁（1cm）。洋香菜、薄荷葉剁碎。

3　將 1 大匙橄欖油（材料分量外）加入平底鍋後加熱，將茄子和洋菇下鍋拌炒，加入少許鹽（材料分量外）。

4　將 1/2 分量的步驟 1 材料倒入器皿，接著加入 1/2 分量的番茄、洋香菜、薄荷。再依序倒入步驟 1 的剩餘材料、紫洋蔥、小黃瓜、步驟 3 材料、剩下的洋香菜、薄荷。並且依序淋上鹽、胡椒、檸檬汁、橄欖油、孜然粉，放置 1 個小時等待入味。

5　待古斯古斯變得飽滿濕潤，就可以將整體攪拌均勻。完成後即可盛盤，並依照個人喜好再加入薄荷葉、檸檬汁、孜然粉。

||||||||||||||||||||||||||||||||||||||||||||||||||||||||||||||||||||||||||||||||||||||||||||||||||||||||||

POINT

• 層層疊疊讓料理看起來更豐盛華麗，很適合作為招待客人的早午餐。因為保存容易，可以一次製作多一點的分量，作為隔天香烤豬肉口袋餅（p.59）的內餡。

ITEM

• 瓷器圓盤 19cm
• 楓木沙拉匙組

油封鮪魚沙拉

使用自製的油封鮪魚完成這道奢華料理。完美融合了各個食材的鮮味，是一道讓人感到滿足的宴客沙拉。

材料（3～4人份）

油封鮪魚 …… 1 片 （250g）
雞蛋 …… 2 個
馬鈴薯（五月皇后）…… 2 個
四季豆 …… 6 ～ 7 根
黑橄欖 …… 10 顆
鹽 …… 少許

＜沙拉醬＞
醃漬鯷魚 …… 40g
大蒜 …… 1/2 瓣
白葡萄酒醋 …… 2 小匙
粗粒黑胡椒 …… 少許
橄欖油 …… 3 大匙

作法

1 起鍋煮水，水滾後放入雞蛋，煮 5 分鐘後取出，放入冷水浸泡、剝殼。四季豆用鹽水汆燙，縱切成半。

2 以中火煮滾水，將帶皮馬鈴薯下鍋，待竹籤可以刺穿中心時撈起。剝皮並用手捏碎成容易入口的大小。

3 將醃漬鯷魚和大蒜切碎後放入攪拌盆，加入白葡萄酒醋、胡椒，然後再慢慢加進橄欖油拌勻。

4 將馬鈴薯盛盤，並把油封鮪魚撕成大塊隨意擺放。雞蛋切成適當大小後擺放，接著放上四季豆、油封鮪魚用的檸檬和月桂葉，撒上黑橄欖。最後淋上步驟 3 的沙拉醬汁和胡椒（材料分量外）。

POINT

- 用鑄鐵圓鍋煮馬鈴薯時，即使水沒有完全覆蓋馬鈴薯，也可以藉由在鍋裡循環的水蒸氣，將馬鈴薯煮得熟熱美味。
- 琺瑯鑄鐵鍋的保溫能力很好，可以讓油溫維持在一定溫度，很適合用來製作油封菜餚。

ITEM

- 鑄鐵圓鍋 20cm
- 瓷器圓盤 27cm

油封鮪魚

只需要將鹽漬鮪魚用橄欖油煮熟即可。油可以重覆使用 2 ～ 3 次。

材料

鮪魚（生魚片／魚肉塊）…… 500g（250g x 2）
橄欖油　適量
鹽 …… 1/2 小匙
月桂葉 …… 1 片
檸檬 …… 1/2 個

作法

1 將鮪魚抹鹽後放到容器中，蓋上保鮮膜冷藏約 30 分鐘。檸檬切片備用。

2 用廚房紙巾把從鮪魚流出來的水分擦乾，和檸檬片、月桂葉一起下鍋，接著加入橄欖油（露出一點食材），以 70 ～ 80 度的溫度用小火煮約 30 分鐘。

香烤豬肉口袋餅

口袋餅是源於中東地區的圓形麵包，稱為 Pita。大口咬下，充滿了異國風情。
孜然香氣的優格醬，營造出東方神祕氛圍。

材料（4 人份）

自製烤豬肉片 ……（p.61）

摩洛哥沙拉 ……（p.55）

喜歡的綠色蔬菜和薄荷葉等 …… 各適量

紫高麗菜 …… 1/4 個

紅葡萄酒醋 …… 1 大匙

鹽、胡椒 …… 各少許

橄欖油 …… 2 大匙

＜優格沙拉醬＞

無糖優格 …… 100ml

鹽、孜然粉 …… 各 1/2 小匙

檸檬汁 …… 少許

橄欖油 …… 1 小匙

口袋餅（薄）…… 2 片

作法

1　將紅葡萄酒醋、鹽、胡椒、橄欖油倒入攪拌盆，充分拌勻。

2　製作優格沙拉醬，將優格、鹽、孜然粉、檸檬汁、橄欖油放進另一個攪拌盆，混合均勻。紫高麗菜切細絲。起鍋等水煮沸後，將紫高麗菜迅速汆燙並撈起，瀝乾水分後加入步驟 1。

3　切開口袋餅讓餅呈袋狀，依個人喜好夾進烤豬肉、摩洛哥沙拉、紫高麗菜、綠色蔬菜，再淋上步驟 2 的優格沙拉醬即完成。

POINT

• 紫高麗菜經過汆燙後會變得比較
軟，不過依然會保持脆脆的口感，
夾入口袋餅後會較易咀嚼。

ITEM

• 迷你圓形杯（5 入）
• 楓木砧板

自製烤豬肉

只要交給烤箱，就可以輕鬆完成這道烤豬肉料理。
想不想趁悠閒的假日做做口袋餅用的內餡呢？

IIIIIIIIIIIIIIIIIIIIIIIIIIIIIIIIIIIIIIIIIIIIIIIIIIIIIIIIIIIIIIIIIIIIIIIIIIIIIIIIIIIIIIIIIII

材料（4～5人份）

梅花豬肉 …… 700～800g

鹽 …… 2 小匙

橄欖油 …… 2 小匙

馬鈴薯 …… 2～3 個

迷迭香 …… 1 支

月桂葉 …… 2 片

粗粒黑胡椒 …… 少許

* 買豬肉時，可以請老闆幫忙綁好烤肉用的棉線。

作法

1 將豬肉均勻抹鹽之後用保鮮膜包裹，至少冷藏 1～2 小時，可以的話最好放置一個晚上。馬鈴薯連皮切成適口大小。

2 橄欖油倒入煎盤以中火加熱，將豬肉下鍋，一邊翻面一邊煎烤上色。將馬鈴薯放在煎盤的剩餘空間，再放上迷迭香、月桂葉，放入預熱至 190 度的烤箱，烘烤 40～50 分鐘，撒上胡椒。並用鋁箔紙仔細包裹烤好的豬肉。

IIIIIIIIIIIIIIIIIIIIIIIIIIIIIIIIIIIIIIIIIIIIIIIIIIIIIIIIIIIIIIIIIIIIIIIIIIIIIIIIIIIIIIIIIII

POINT

• 先將肉煎烤上色後再用烤箱烘烤，是這道料理的最大特色。煎盤表面有許多凹凸多孔的介質，很適合用來燒烤食材。

• 為了避免肉汁流失，建議降溫冷卻之後再開始分切。

ITEM

• 鑄鐵單柄圓形煎盤 20cm

普羅旺斯蔬菜湯

在義大利蔬菜濃湯裡加進名為「Pistou」的羅勒醬，重現南法道地的食用方法，讓濃湯釋放出濃醇鮮味，香氣更加迷人。

材料（4～5人份）

洋蔥 ⋯⋯ 1/2 個

西洋芹 ⋯⋯ 1 根

櫛瓜 ⋯⋯ 1 根

番茄 ⋯⋯ 2 個

大蒜 ⋯⋯ 1 瓣

橄欖油 ⋯⋯ 2 大匙

短麵（螺旋麵 Fusilli）⋯⋯ 60g

鹽 ⋯⋯ 1 小匙

胡椒 ⋯⋯ 少許

水 ⋯⋯ 600ml

百里香 ⋯⋯ 1 支

＜羅勒醬＞

羅勒葉 ⋯⋯ 20g

蒜 ⋯⋯ 1 瓣

蛋黃 ⋯⋯ 1 個

橄欖油 ⋯⋯ 3 大匙

檸檬汁 ⋯⋯ 1/2 小匙

卡宴辣椒 ⋯⋯ 少許

松子 ⋯⋯ 2 大匙

格律耶爾起司（Gruyère cheese）⋯⋯ 適量

水 ⋯⋯ 1 大匙

作法

1 洋蔥、西洋芹切成 1cm 的丁狀。櫛瓜切成半圓形。番茄汆燙去皮後切大塊。大蒜壓碎、起司磨成粉。

2 2 大匙橄欖油下鍋，開中火加熱，加入大蒜、洋蔥煸香。待洋蔥軟化後加入西洋芹、櫛瓜翻炒至食材變軟。

3 加入番茄混合拌炒，加入 50ml 水再蓋上鍋蓋以小火燜煮 10 分鐘。接著加入 550ml 水和百里香，轉成中火，待煮沸後以小火煨煮至材料熟軟。再以鹽、胡椒調味。

4 另起一鍋燒滾開水後，加入少許鹽（材料分量外）煮螺旋麵。螺旋麵的烹煮時間要比包裝袋的指定時間短一點。煮好後瀝乾，加進步驟 3。

5 將羅勒醬的全部材料放進食物調理機打碎。在湯碗裡加入一匙羅勒醬，舀入步驟 4 的湯品，並依照喜好撒上帕瑪森起士。

POINT

- 在鑄鐵圓鍋裡加入少量的水燜煮蔬菜，能幫助釋放蔬菜的鮮美。
- 可用長義大利麵取代螺旋麵，只要用手折斷再烹煮即可。

ITEM

- 鑄鐵圓鍋 20cm
- 附托盤瓷碗
- 迷你圓形杯 5 入

以大量蔬菜熬煮而成的湯底,再加入喜歡的洋蔥、馬鈴薯等食材,
就是一道天然健康、營養滿點的暖胃早午餐。

蔬菜湯咖哩

洋蔥、紅蘿蔔、馬鈴薯經過沙拉油拌炒後,加入蔬菜高湯稍微熬煮,再加入咖哩塊調味,
就是一道富含蔬菜營養素的湯咖哩。

※ 獨家調配蔬菜高湯:收集如同一座小山高的蔬菜葉、根等放進鍋裡,加入水 1.5L、昆布 3g、酒 1 小匙
熬煮 30 分鐘後過濾,可作為各種湯品的湯底。

PROFILE 樋口正樹。美術大學畢業後，進入資訊公司的設計部門服務。六年前開始經營美食部落格，目前為料理研究家，並設立了「Kitchen Studio HIGUCCINI」。

馬鈴薯番茄湯

將馬鈴薯、洋蔥、紅蘿蔔、豬肉切成適口大小後拌炒，加入蔬菜高湯和搗碎的整顆番茄燉煮，再用鹽和胡椒調味。完成時加入切得細碎的菠菜，撒上肉豆蔻，淋上橄欖油後即可享用。

油菜花豌豆濃湯

在蔬菜高湯裡加入油菜花、豌豆，稍微煮一下後，
加入無糖豆漿和少許鹽調味，
就完成了這道清爽美味的濃湯，
一口吃進春季蔬菜的鮮嫩好味道。

白香腸煨高麗菜

在鍋裡加入橄欖油、高麗菜，開火加熱，待高麗菜上色後
翻面。接著加入白香腸（Weisswurst）和少量蔬菜高湯，
撒鹽調味並蓋上鍋蓋燜煮即完成。可以搭配第戎芥末醬
（Moutarde de Dijon）一起享用。

菠菜鮮菇螺旋麵鍋

將菠菜、鴻禧菇、維也納香腸、洋蔥切成適口大小，和螺旋麵一起放進鑄鐵鍋，接著加入蒜片、橄欖油、鹽、水以後開火加熱，一邊攪拌一邊煮約 10 分鐘，直到湯汁收乾後關火，再用鹽、胡椒調整味道，起鍋前撒上一些現磨起司就完成了。

(a)

(b)

(c)

義大利麵醬三重奏

番茄醬汁（a）

用橄欖油煸炒蒜末和洋蔥末，並將整顆番茄搗碎後下鍋。燉煮完成後用食物調理機搗碎成糊狀。

肉丸醬汁（b）

在豬牛混合絞肉裡加入洋蔥末、紅蘿蔔末、西洋芹末等蔬菜，攪拌均勻做成肉丸。再將肉丸、鷹嘴豆、月桂葉下鍋，加上番茄醬汁熬煮。

義式燉菜（c）

將大蒜、青蔥、洋蔥、紅蘿蔔、西洋芹、番薯、青花菜、白花椰菜、番茄、蕪菁切成碎末後下鍋，以橄欖油拌炒，蓋上鍋蓋利用蔬菜的水分以微火燉煮，最後用鹽和喜歡的香料、辛香料調味即可。

ITEM

- 燉飯鐵鍋 18cm

Chapter 3
鹹派 · 濃湯 · 飯料理

鑄鐵單柄圓形煎盤 20cm
瓷器圓盤 23cm
烤盅（L）2入
楓木隔熱墊
楓木公匙

法式洛林鹹派

洛林鹹派是源自於法國北部的傳統點心。這一道鹹派食譜經過改良,不需要覆蓋製作繁瑣的派皮,輕鬆即能完成,請用湯匙舀起熱呼呼又軟嫩的內餡,大口享用吧!

材料（4～5 人份）

洋蔥 ⋯⋯ 1/2 個
菠菜 ⋯⋯ 1/2 束
培根（塊狀）⋯⋯ 60g
洋菇 ⋯⋯ 4 朵
鹽、胡椒 ⋯⋯ 各少許
Ⓐ 雞蛋 ⋯⋯ 1 個
　 蛋黃 ⋯⋯ 1 個
　 鮮奶油 ⋯⋯ 100ml
　 牛奶 ⋯⋯ 30ml
　 鹽 ⋯⋯ 1/3 小匙
　 肉豆蔻 ⋯⋯ 1/3 小匙
　 格律耶爾起司（Gruyère Cheese）⋯⋯ 60g
沙拉油 ⋯⋯ 2 小匙

作法

1　培根切 1cm 厚片。先切掉洋菇最前端的根部,再切成薄片。菠菜切段、洋蔥切粗末,將材料 Ⓐ 的起司刨絲備用。

2　沙拉油倒入煎盤後以中火加熱,先將培根下鍋拌炒,再加入洋菇、洋蔥炒軟。

3　再加入菠菜下鍋翻炒,加鹽、胡椒後倒出備用。

4　將材料 Ⓐ 倒入攪拌盆,用打蛋器混合均勻。

5　以廚房紙巾擦拭步驟 3 的煎盤,並塗上一層薄薄的奶油（備料分量外）,並把步驟 3 的菠菜倒進鍋內鋪平,再倒入步驟 4 的材料,用預熱至 180 度的烤箱烘烤 30 分鐘。

POINT

- 如果用煎盤製作這道菜,就可以在爆香食材後,直接倒入蛋液,送入烤箱烘烤。
- 烤好後取出煎盤直接上桌,就能立刻品嚐到剛出爐、熱騰騰的鹹派。

ITEM

- 鑄鐵單柄圓形煎盤 20cm
- 瓷器圓盤 19cm
- 楓木公匙
- 楓木隔熱墊

乳酪通心麵

在美國常作為配菜的家常料理。
飽足感十足，也很適合當作早午餐享用。

材料（4 人份）

通心粉 …… 200g
巧達起司 …… 140g
愛摩塔乳酪（Emmental cheese）…… 50g
洋蔥 …… 1/2 個
麵粉 …… 2 又 1/3 大匙
Ⓐ｜牛奶 …… 500ml
　　｜鮮奶油 …… 2 大匙
奶油 …… 30g
鹽 …… 1/2 小匙
黑胡椒 …… 少許

作法

1　起司刨絲，洋蔥切末備用。

2　奶油下鍋開火加熱，全部融化後放入洋蔥拌炒。軟化後再加入麵粉繼續拌炒，並慢慢倒入混合好的材料 **Ⓐ**，持續攪拌到滑順為止。接著加入起司使其融化，關火。

3　起鍋煮沸一大鍋水，加入少許鹽（材料分量外）後開始煮通心粉。通心粉的口感要稍硬一些，因此烹煮時間要比包裝袋上的指示時間短一點，煮好後瀝乾撈起。加入步驟2，並用鹽、胡椒調味。

4　將步驟 3 材料倒入已塗上一層薄薄奶油（材料分量外）的煎盤中，並放入預熱至 200 度的烤箱，烘烤 15 ～ 20 分鐘。

POINT

- 可以視個人喜好選擇不同的起司搭配，或是只準備一種起司。
- 通心粉在烘烤時會慢慢的吸收起司醬汁，所以醬汁記得要多倒一點，再送進烤箱。
- 煎盤不易沾黏食物，即使是烹調像是起司這一類容易沾鍋的材料，清洗時也能完全不費力。

ITEM

- 鑄鐵單柄圓形煎盤 20cm

豌豆濃湯

不需要使用高湯等湯底，就能做出好喝的濃湯。
品味豌豆本身的清甜滋味。

材料（4 人份）

豌豆（除去豆莢）…… 250g
洋蔥 …… 1/4 個
牛奶 …… 150 ～ 200ml
奶油 …… 2 大匙
水 …… 300ml
鹽 …… 1/2 ～ 2/3 小匙

作法

1 從豆莢取出豌豆，預留 10 顆豌豆作為裝飾用。洋蔥切片。

2 將奶油、洋蔥、豌豆下鍋，加 200ml 水開中火烹煮。待煮沸後蓋上鍋蓋，繼續用小
　 火烹煮約 10 分鐘。

3 再用調理機將步驟 2 食材打碎倒入鍋裡，接著加入 100ml 水，並開火加熱，並加入
　 適量牛奶，調整自己喜愛的濃稠度。等到濃湯溫熱後，加鹽調味並關火。

4 盛盤，放上豌豆裝飾即完成。

POINT

- 鑄鐵圓鍋可以慢慢的將熱能導入蔬菜裡，將豌
  豆的鮮美和清甜完整帶出。
- 若無新鮮豌豆，也可使用冷凍豌豆替代。

ITEM

- 鑄鐵圓鍋 18cm
- 烤盅（S、附蓋）（2 入）

蛤蜊巧達濃湯

細滑的巧達濃湯裡充滿了飽滿蛤蜊肉，是一道美味的幸福料理。
早上品嚐一碗熱呼呼的濃湯，讓身體也跟著溫暖了起來。

||||||||||||||||||||||||||||||||||||||||||||||||||||||||||||||||||||||||||||||||||||||||||

材料（4～5人份）

蛤蜊（帶殼）…… 400g
水 …… 100ml
培根 …… 40g
洋蔥 …… 1/2 個
西洋芹 …… 1/2 根
馬鈴薯 …… 2 個
青蔥 …… 1/2 根
麵粉 …… 1 大匙

蔬菜高湯（p.5）…… 400ml
牛奶 …… 150ml
鮮奶油 …… 60ml
鹽 …… 1 小匙
胡椒 …… 少許
奶油 …… 20g

作法

1 蛤蜊泡鹽水（材料分量外）吐沙。將水和蛤蜊下鍋，蓋上鍋蓋開火加熱，燜煮到蛤蜊
殼打開。之後再將湯汁和蛤蜊分離，並從殼裡取出蛤蜊肉。

2 培根、洋蔥、西洋芹、馬鈴薯切成 1cm 小丁，青蔥切小段備用。

3 沖洗步驟 1 的鍋具，加入奶油以中火加熱，待融化後依序加進培根、青蔥、洋蔥拌炒，
再依序加進西洋芹、馬鈴薯稍微炒一下，加入麵粉翻炒均勻。

4 加入步驟 1 的湯汁和蔬菜高湯，燉煮到馬鈴薯軟化。倒入牛奶，一煮沸立即加入鮮奶
油，並且用鹽、胡椒調味，最後放進蛤蜊肉關火。

5 將成品盛碗，可以搭配鹹蘇打餅一起享用。

||||||||||||||||||||||||||||||||||||||||||||||||||||||||||||||||||||||||||||||||||||||||||

POINT

- 因為鑄鐵圓鍋可以使熱能與蒸氣均勻循環，讓
清蒸蛤蜊肉保持飽滿多汁。
- 牛奶和鮮奶油煮太久時會出現沉澱物，並和水
分離，需特別注意。

ITEM

- 鑄鐵圓鍋 20cm
- 韓式飯碗

檸檬香茅雞肉蒸飯

煎烤成美麗金褐色的帶骨雞肉，光看就讓人口水直流。
拌入魚露與檸檬香茅，獨特的香氣散發亞洲風情。

材料（5～6人份）

帶骨雞肉 …… 600g
白米 …… 3 杯
水 …… 600ml
檸檬香茅 …… 3 支

Ⓐ 紅蘿蔔泥 …… 1 小塊
　魚露 …… 1 大匙
　胡椒 …… 少許
　檸檬汁 …… 2 大匙
生薑 …… 1 小塊
魚露 …… 1/2 大匙
鹽 …… 少許
沙拉油 …… 1 大匙
香菜、半圓形檸檬厚片 …… 各適量

作法

1 洗米瀝乾後備用。將 2 支香茅切片，1 支縱畫幾刀，生薑切薄片，雞肉切成比一口大小再大一些，倒進調味料 Ⓐ 搓揉後靜置 30 分鐘以上。

2 沙拉油倒入鍋裡以中火加熱，放入雞肉塊，仔細煎烤雞肉表面。

3 將米、水、檸檬香茅（切片的 1 支和劃刀的 1 支）、生薑放入鍋中，再加入魚露、鹽攪拌，放上步驟 2 的雞肉。蓋上鍋蓋開中火，煮沸後轉小火繼續煮 12 分鐘，關火燜 10 分鐘。

4 打開鍋蓋，撒上預留的香茅片，並以香菜、檸檬裝飾後完成。

POINT

- 使用電子鍋蒸飯時，常會因為受限鍋子容量而無法加入太多食材，使用鑄鐵鍋就能避免這樣的限制。
- 選用帶骨雞肉，可以讓米飯吸收雞肉原汁，變得更香、更好吃。

ITEM

- 橢圓鐵鍋 25cm
- 瓷器圓盤 23cm

干貝海鮮粥

將干貝乾、蝦仁乾的鮮美滋味發揮到極致的一道鹹粥。
可以視個人喜好，準備幾道小菜，就可以變化出更多不一樣的風味。

材料（2～3 人份）

白米 ⋯⋯ 1/4 杯
水 ⋯⋯ 600ml
干貝乾 ⋯⋯ 1 個
蝦仁乾 ⋯⋯ 1 小匙
雞湯粉 ⋯⋯ 1/3 小匙

白肉生魚（鯛魚、比目魚等）⋯⋯ 60g
青蔥 ⋯⋯ 5cm
生薑 ⋯⋯ 少許
麻油 ⋯⋯ 1 大匙
醬油 ⋯⋯ 2 小匙
香菜、榨菜、水煮蛋 ⋯⋯ 各適量

作法

1 洗米瀝乾，干貝乾及蝦仁乾泡水備用。

2 將水 600ml、干貝乾和蝦仁乾、雞湯粉下鍋，以中火煮開後加入白米，繼續以稍弱的中火煮大約 20 分鐘。

3 生魚切薄片、青蔥切末、生薑切細絲放進碗裡，加入麻油、醬油攪拌。香菜切段、榨菜切薄片、水煮蛋切對半。

4 食用前將步驟 2 盛裝至碗裡，再依喜好添加步驟 3 食材一起享用。

POINT

- 單柄醬汁鍋很適合用在製作少量的紅燒菜，或是用於加熱食材，也很適合用來料理需要細熬慢煮的湯粥。
- 在料理中式粥品時可以多加一點水，不蓋鍋蓋炊煮。米粒碎了也不用太在意。

ITEM

- 鑄鐵單柄醬汁鍋 18cm
- 迷你橢圓盤（5 入）
- 韓式飯碗

番茄蒸飯

只是放入一顆完整的大番茄，就能帶來令人驚豔的美味視覺。
均勻攪拌，讓番茄與米飯完全融合，是一道簡單卻又讓人吮指回味的飯料理。

材料（2～3 人份）

牛番茄 …… 1 個
白米 …… 1 又 1/3 杯多一點
蔬菜高湯（p.5）…… 300ml

鹽 …… 1/3 小匙
粗粒黑胡椒 …… 適量
橄欖油 …… 適量

作法

1　炊煮前 30 分鐘洗米瀝乾備用。將米、蔬菜高湯、鹽放入鍋中，攪拌均勻鋪平。

2　在正中心放上去蒂牛番茄，蓋上鍋蓋開中火烹煮。待煮沸後轉為小火繼續煮 12 分鐘後，關火燜 10 分鐘。

3　煮好後淋上橄欖油，撒上胡椒，再將番茄搗碎攪拌。完成之後盛至器皿，再依照個人喜好和炒蛋等小菜一起享用即可。

POINT

- 使用 Le Creuset 蒸飯可以讓米飯充滿香甜滋味，冷了也很好吃。
- 除了和炒蛋十分對味之外，也很適合搭配燉菜及料多味美的湯品。
- 也可以用雞骨湯或法式清湯、日式高湯取代蔬菜高湯。

ITEM

- 鑄鐵圓鍋 16cm
- 瓷器圓盤 23cm

香焗洋梨

添加了杏仁粉的麵粉，帶來香醇濃郁的氣味，
搭配香甜的洋梨，散發出成熟的韻味。

材料（4 人份）

洋梨 …… 2 ～ 3 個
蛋黃 …… 2 個
全蛋 …… 1 個
細白糖 …… 80g
酸奶油 …… 50g
杏仁粉 …… 50g
鮮奶油 …… 200ml
櫻桃白蘭地（Kirsch）…… 少許

作法

1 保留洋梨梗，將洋梨縱切 4 ～ 6 等分。

2 將蛋黃、全蛋、細白糖放入攪拌盆，用打蛋器攪拌。接著依序加入酸奶油、杏仁粉、
鮮奶油、櫻桃白蘭地，並且充分混合均勻。

3 煎盤塗上奶油（材料分量外），排列上步驟 1 切好的洋梨，並倒入步驟 2 材料，以預
熱至 200 度的烤箱，烘烤 20 分鐘。

POINT

· 除了洋梨，還可以運用各種水果做
出不同的變化，不過像是草莓等莓
果類，因為味道較酸，製作前需先
用細白糖和白酒浸泡。而煎盤因為
經過琺瑯鑄鐵加工，具耐酸性，烹
調含有水果的食譜也能游刃有餘。

ITEM

· 鑄鐵單柄圓形煎盤 20cm
· 瓷器圓盤 23cm

法式蕎麥鹹餅

蕎麥鹹餅是法國布列塔尼半島的特色菜。
濃濃香氣又 Q 彈的口感，是會讓人上癮的美味。

材料（直徑 20cm，可做 8 片）

Ⓐ｜ 蕎麥麵粉 …… 150g
　　鹽 …… 1 小撮
　　細白糖 …… 1 大匙
牛奶 …… 100ml
水 …… 300ml
* 融化奶油 …… 40g
奶油 …… 適量
裝飾奶油、糖粉 …… 各適量

* 融化奶油：將奶油放進耐熱容器，蓋上保鮮膜後微波加熱 10 ～ 15 秒即可。

作法

1　將材料 Ⓐ 放進攪拌盆，倒入牛奶並用打蛋器攪拌。接著一邊慢慢加水，一邊持續攪拌，加入融化奶油混合均勻。蓋上保鮮膜冷藏約 1 小時。

2　在平底鍋放入 1 小匙奶油並開火，待奶油融化後加入一匙麵糊，一邊旋轉一邊將麵糊面積擴大至直徑 20cm。當四周開始起泡而且不黏鍋時翻面，約略煎烤後，起鍋盛盤。剩下的麵糊也以相同方法製作。

3　將鹹餅對折兩次，趁熱撒上糖粉，放上奶油即可。

POINT

- Le Creuset 的平底鍋導熱速度快且均勻，著色時不會有深淺不一的現象。
- 可在前一天將麵糊預備好，隔天就能輕鬆煎煮。
- 烤好的薄餅不要重疊堆放，應在中間夾放廚房紙巾，防止沾黏。

ITEM

- TNS 玩美不沾單柄寬底煎鍋 28cm
- 瓷器圓盤 23cm

Le Creuset 2015 年春夏「假期早午餐」產品系列

鑄鐵單柄圓形煎盤
顏色：氣質藍
　　　雪紡粉
　　　櫻桃紅
　　　橙色

鑄鐵圓鍋
顏色：氣質藍
尺寸：18cm、20cm、22cm
容量：1.8／2.4／3.3L

橢圓鐵鍋
顏色：氣質藍
尺寸：25cm
容量：3.2L

燉飯鐵鍋
顏色：氣質藍
尺寸：18cm
容量：1.5L

三層瓷器收納架
顏色：氣質藍
尺寸：長26.5×寬40×
　　　高41cm

附托盤瓷碗
顏色：氣質藍
　　　鮭魚粉
　　　奶油黃
尺寸：直徑 11.5× 高 8.5cm
容量：440ml

瓷器公碗（S）
顏色：氣質藍
　　　鮭魚粉
　　　奶油黃
尺寸：長14×寬18cm×
　　　高6.5cm
容量：540ml

瓷器圓盤
顏色：氣質藍
　　　鮭魚粉
　　　奶油黃
尺寸：19cm、23cm

深圓盤 20cm
顏色：氣質藍
　　　鮭魚粉
　　　奶油黃
尺寸：直徑 20× 高 5cm
容量：800ml

※ 本書介紹的產品皆為日本 Le Creuset 所販售，台灣販售情形請洽專櫃或官網查詢。
　Le Creuset 台灣官方網站：https://www.lecreuset.com.tw/

橢圓餐盤

顏色：氣質藍
　　　鮭魚粉
　　　奶油黃
尺寸：長22.5×寬30cm

迷你橢圓盤（5 入）

顏色：假期早午餐系列色
尺寸：長 10 × 寬 13.5cm

筷架（5 入）

顏色：假期早午餐系列色
尺寸：長1.5×寬8cm

迷你瓷器醬料組 3 入（含湯匙）

顏色：氣質藍
　　　鮭魚粉
　　　奶油黃
尺寸：長 6× 寬 6× 高 9cm
容量：各 170ml

迷你圓形杯（5 入）

顏色：假期早午餐系列色
尺寸：直徑 7× 高 3.5cm
容量：55ml

蛋杯（2 入）

顏色：氣質藍
　　　鮭魚粉
　　　奶油黃
尺寸：直徑 5.5× 高 6cm

烤盅 L（2 入）

顏色：氣質藍
　　　鮭魚粉
　　　奶油黃
尺寸：直徑10×高5.5cm
容量：各200ml

瓷器儲物罐（M）

顏色：氣質藍
　　　鮭魚粉
　　　奶油黃
尺寸：直徑 10× 高 13.5cm
容量：580ml

聖代杯

顏色：氣質藍
　　　鮭魚粉
　　　奶油黃
尺寸：直徑 7.5 × 高 13cm
容量：310ml

湯杯＆湯匙組
顏色：氣質藍
　　　鮭魚粉
　　　奶油黃
尺寸：直徑 11.5× 高 8.5cm
容量：380ml

小馬克杯
顏色：氣質藍
　　　鮭魚粉
　　　奶油黃
尺寸：直徑9×寬12×
　　　高10cm
容量：280ml

中式茶壺
顏色：氣質藍
　　　鮭魚粉
　　　奶油黃
尺寸：直徑12.5×寬20×
　　　高11.5cm
容量：600ml

經典餐墊
顏色：氣質藍
尺寸：長29×寬42cm

經典鍋耳隔熱套
顏色：氣質藍
尺寸：長 12.5× 寬 9.5cm

經典棉麻隔熱墊
顏色：氣質藍
尺寸：23.5cm

琺瑯中壺
顏色：櫻桃紅
　　　橙色
　　　白色
　　　粉紅色
尺寸：底徑 14.5× 高 18cm

琺瑯圓錐壺
顏色：氣質藍
　　　櫻桃紅
　　　橙色
尺寸：底徑 17.5× 高 18cm

本書使用的 Le Creuset 產品 （「假期早午餐」品項以外的產品）

鑄鐵單柄圓形煎盤

鑄鐵圓鍋

橢圓鐵鍋

鑄鐵單柄醬汁鍋

鑄鐵雙耳圓烤盤

TNS 玩美不沾單柄寬底煎鍋

烤盅 L（2 入）

烤盅 S（附蓋）（2 入）

韓式飯碗

迷你橢圓盤（5 入）

瓷器圓盤

隔熱墊

楓木木匙（L）

楓木沙拉匙組

楓木砧板

楓木隔熱墊

生活樹系列 030

LE CREUSET鑄鐵鍋手作早午餐

ル・クルーゼで作る とっておきブランチレシピ

作　　　者	Le Creuset Japon K.K 著　坂田阿希子 監修
譯　　　者	白璧瑩
總 編 輯	何玉美
副總編輯	陳永芬
主　　編	紀欣怡
封面設計	蕭旭芳
內文排版	許貴華
日本製作團隊	**攝影** 原ヒデトシ／**造型** 佐々木力ナコ／**設計** 山崎佳、森惠美、田島香子（ジュウ・ドゥ・ポウム）／**文字構成** 斎木佳央里／**企畫** 阿部泰樹（主婦の友社）／**編輯** 澤藤さやか（主婦の友社）／**協力** 南谷優美子

出版發行	采實出版集團
行銷企劃	黃文慧・王玟嵐
業務經理	廖建閔
業務發行	張世明・楊筱薔・鍾承達・李韶婕
會計行政	王雅蕙・李韶婉
法律顧問	第一國際法律事務所　余淑杏律師
電子信箱	acme@acmebook.com.tw
采實文化粉絲團	http://www.facebook.com/acmebook

I S B N	978-986-92812-2-5
定　　價	350 元
初版一刷	2016 年 3 月 25 日
劃撥帳號	50148859
劃撥戶名	采實文化事業有限公司
	104 台北市中山區建國北路二段 92 號 9 樓
	電話：02-2518-5198
	傳真：02-2518-2098

國家圖書館出版品預行編目 (CIP) 資料

Le Creuset鑄鐵鍋手作早午餐 / Le Creuset Japon K.K.編著；坂田阿希子監修；白璧瑩譯. -- 初版. -- 臺北市：采實文化，民105.03
面；　公分. -- (生活樹系列；30)
譯自：ル.クルーゼで作るとっておきブランチレシピ
ISBN 978-986-92812-2-5(平裝)

1.食譜

427.1　　　　　　　　　　　　　　105002389

Le Creuset de Tsukuru Totteoki brunch recipe
© Le Creuset Japon K.K., Akiko Sakata, Shufunotomo Co.,Ltd. 2015
Originally published in Japan by Shufunotomo Co.,Ltd.
Translation rights arranged with Shufunotomo Co.,Ltd.
through Future View Technology Ltd.

采實文化

寄截角，抽好禮

活動期間：即日起至 2016.6.30 止（以郵戳為憑）

活動方法：
❶ 購買本書，剪下書封內折口「我愛《鑄鐵鍋手作早午餐》」截角（影印無效）。
❷ 註明個人資料：姓名、電話、地址、E-mail。
❸ 裝進信封，寄至：104-79 台北市建國北路二段 92 號 9 樓，采實文化——鑄鐵鍋早午餐活動小組收。

得獎公布：2016/7/7，公布於采實文化粉絲團，並以電話通知得獎讀者。

備註：
＊ 每本書僅有一枚截角，限抽獎一次。
＊ 獎品寄送僅限台、澎、金、馬地區。
＊ 活動聯絡人：采實文化出版社　讀者服務專線 02-2518-5198。
＊ 如聯繫未果，或其他不可抗力之因素，采實文化將保留活動變更之權利。

鑄鐵單柄圓煎盤 20 公分（火焰橘）  　1 名
（市價 NT6,200）